마늘이 다한 요리

吃出免疫力
的大蒜料理

煮麵、煲湯、拌飯、提味，34道蒜味料理，美味上桌！

金奉京 —— 著　　陳品芳 —— 譯

目次

【作者序】不只為食物增添美味，
　　　　　更能殺菌、抗癌的大蒜料理 ⋯⋯5

大蒜的十種效能 ⋯⋯13

食用大蒜前一定要知道的事 ⋯⋯15

使用大蒜時的計量法&高湯食譜 ⋯⋯19

Part 1

用常備大蒜醬做出
飽足料理

【蒜辣醬】⋯⋯23

蒜味墨西哥捲餅 ⋯⋯27

蒜辣炒年糕 ⋯⋯31

泡菜燉豬肉丸 ⋯⋯35

蒸大蒜拌辣椒醬 ⋯⋯39

辣炒紫蘇血腸 ⋯⋯43

【蒜油醬】⋯⋯47

蒜香鯖魚義大利麵 ⋯⋯51

蒜味蝦佐法國麵包 ⋯⋯55

蒜油燉蛤蜊 ⋯⋯59

蒜油柚子醬佐章魚沙拉 ⋯⋯63

【蒜醬油】⋯⋯67

蒜醬油涼拌豆芽麵 ⋯⋯71

蒜炒奶油魷魚絲 ⋯⋯75

辣炒大蒜核桃 ⋯⋯⋯ 79

炒牛肉豆皮壽司 ⋯⋯⋯ 83

香蒜雞腿蓋飯 ⋯⋯⋯ 87

Part 2

用大蒜做出
可口早午餐

卡蒙貝爾蜜蒜 ⋯⋯⋯ 93

大蒜煉乳圓麵包 ⋯⋯⋯ 95

經典蜜蒜吐司 ⋯⋯⋯ 99

炸蒜片 ⋯⋯ 103

大蒜漢堡排 ⋯⋯⋯ 105

香蒜蛋沙拉可頌 ⋯⋯⋯ 109

馬斯卡彭蒜味普切塔 ⋯⋯⋯ 113

Part 3

用大蒜做出
美味家常菜

醋漬蒜味甜椒 ⋯⋯⋯ 117

蒜味洋菇濃湯 ⋯⋯⋯ 121

炸脆蒜佐牛奶咖哩飯 ⋯⋯⋯ 125

韓式蒜味無骨炸雞 ⋯⋯⋯ 129

蒜味香煎豆腐排 ⋯⋯⋯ 133

希臘優格佐蒜味焦糖醬 ⋯⋯⋯ 137

清燉大蒜鍋巴雞湯 ⋯⋯⋯ 139

章魚大蒜煲飯 ⋯⋯⋯ 143

蒜烤蔬菜沙拉 ⋯⋯⋯ 147

蒜醬蘋果蝦沙拉 ⋯⋯⋯ 151

不只為食物增添美味，
更能殺菌、抗癌的大蒜料理

每個家庭中的冰箱，其冷藏室、冷凍室裡肯定都備有少許大蒜，也是料理中最常使用的食材之一。

大蒜之於料理家，就是烹飪時不可或缺的必備食材。如果想為食物增添風味，加入大蒜是很好的選擇，不論是醃泡菜、涼拌菜，或是做辣味料理、烤肉、熬湯時，大蒜都是非常好用的好食材。

若能善用大蒜於料理之中，不但能去除魚腥味、肉腥味，還能增添食物的辣度與香醇味。此外，大蒜也能與牛奶、人蔘、生薑、蜂蜜等相互融合，再加上含有豐富的核酸，是良好的天然調味料。

在料理中，大蒜通常不是主角而是配角，雖然隱身在各式各樣的食物中，卻能增添料理的美味、香味與風味。用大蒜入菜要經過的流程雖

然繁雜，但若能在需要時將大蒜剝皮使用，更能突顯其風味。此外，蒜泥依據使用時機，要現做或是先做好備用，都會影響食物的風味。

將大蒜切成蒜泥或壓碎使用時，會隨著細胞壁被破壞而散發其獨有的香味，並留下嗆辣的味道與氣味。若是加入含有大量醬料的燉菜、湯品中則無妨，但單純用於醬料或涼拌時，其所帶來的麻味與辣味便會增強。

購買現成的蒜泥使用雖然方便，但若希望食物更美味，使用整顆大蒜自行製成蒜泥，或買剝好的大蒜再做成蒜泥來使用，才能呈現最好的風味。

大蒜有益健康，更可製成蒜片、蒜油使用

大蒜具有強身健體的功效，自古以來就是藥用食材。原產地為西亞，屬於百合科多年生植物，在韓國歷史中最早的記載可追溯至「檀君神話」，是歷史悠久的蔬菜。

生大蒜主要的氣味來源是大蒜素（Allicin）與二烯丙基二硫（diallyl disulfide，DADS）。大蒜素是大蒜中的重要成分，能發揮許多作用，包括增精素（Scordinin）能抗血栓，也能預防亞硝酸鹽（導致大腸癌的主要因子）的生成，並具有阻斷發炎物質亞硝胺合成的效果。此外，更能與維生素 B1 結合，促進身體吸收率。

大蒜因擁有上述成分而具有強烈的氣味，能促進食欲，並達到抗菌作用，同時可預防感冒。特別是在中華料理、義大利料理及韓國料理中，均大量使用大蒜，在搗碎或切碎並破壞其細胞後，便會散發具強烈氣味的大蒜素，促進血液循環。

大蒜含有能促進維生素 B1 吸收的大蒜素，本身也含有大量的維生素 B1，可使能量代謝更順暢並促進血液循環，改善手腳冰冷、幫助消除疲勞。夏天感到氣虛時，大蒜也能幫助恢復元氣。

再者，大蒜亦具有預防大腸癌的效果，大蒜素等成分能抑制癌細胞增生，其中的硫磺化合物也能阻止因血栓與老化造成的血管彈性低下。大蒜素也具備強大的殺菌作用，可幫助強化免疫力。

大蒜素能和體內的維生素 B6 結合，發揮活絡胰臟細胞的功能，使胰島素分泌更為順暢，幫助降低血糖。也能抑制疲勞物質乳酸的生成，幫助緩解因壓力而起的疲勞，並減少肌肉痠痛問題。另外也含有豐富的鉀，能幫助排出體內的鈉，發揮穩定血壓的功效。

大蒜是料理中不可或缺的蔬菜之一，雖然味道較強烈，卻擁有上百種好處，被稱為是「百利一害」的蔬菜，更被《時代》（Time）雜誌選為全球十大健康食物。好處雖多，但生吃並不方便，因此近來市面上出現許多以大蒜再製成的功能性產品，像是能方便食用的蒜片、大蒜飲料、蒜油等。

蒜苔、蒜苗、蒜頭，其實都是大蒜的一種

大蒜以各式各樣的形態出現在我們的餐桌上，其中也包含蒜苔（蒜芯）或蒜苗。蒜苔是完全長大的大蒜莖，必須在初夏時收成才會美味，主要以涼拌、醬油或辣椒醃漬、熱炒等方式料理。

蒜苗則是尚未完全成熟的大蒜嫩葉，與蔥類似，過去因氣候問題只在南方栽種，現在中部地區也會利用溫室進行栽種。常以泡菜醃漬、汆燙、醋拌等方式料理。（編按：在台灣，將大蒜種在土壤中或淺水中，

依據其生長後的不同形態，有不同的名稱，但大致可這樣區分：根部→大蒜、蒜頭；嫩苗→蒜苗、青蒜；花柄→蒜苔、蒜苗。）

　　大蒜可分為生長在寒冷地區的寒帶種與熱帶地區的熱帶種，及除此之外的其他大蒜。寒帶大蒜是在韓國內陸與高緯度地方栽種的品種，發芽的時間較熱帶種晚。秋天種下去會長根，但卻不會發芽，等到過了冬天之後才會開始生長，且儲存時間較熱帶種大蒜更長，尺寸也比較大，瓣數較少、品質較好。韓國的寒帶種大蒜主要是長於瑞山、義城、三陟的原生種。

　　熱帶種則栽種在南海岸一帶，秋天種下去就會生根發芽，過冬之後便能收成。蒜苔的莖很長，也能作蒜苗使用。韓國的熱帶種大蒜以南海白與高興白兩種最為知名。

　　此外，其他大蒜則是多瓣的熱帶種蜂大蒜、六到八瓣的寒帶種六角大蒜、進口種白蒜、瓣瓣分離的瓣蒜、沒有蒜苔的母蒜、有蒜苔的公蒜，及約有十瓣左右的長孫蒜等。（**編按：台灣的大蒜多長於雲林、嘉義，初春採收蒜苗和蒜苔，入夏後大蒜即成熟，採收後除去泥沙，通風晾乾或烘烤至外皮乾燥，可存放許久，適合炒菜時爆香調味，也可用來燉湯等。**）

　　本書中，收錄該如何運用自古以來就頻繁成為食材、藥材的大蒜料理法，及能吃出健康的方法。不再只是作為增添料理風味的配角，書中三十四道以大蒜為主的食譜，將能讓各位吃得更健康。

大蒜的十種效能

① 強力的殺菌與抗菌作用
大蒜中含大蒜素，具有強力的殺菌作用。

② 增強體力並促進腸胃功能，亦可消除疲勞
大蒜中含鍺元素與維生素 B1，兩者結合之後會吸收所有的維生素 B1，並儲存在體內，供身體疲勞時使用。

③ 改善動脈硬化、抑制身體老化，並促進血液循環，改善凍傷問題
大蒜素與脂質結合後，能發揮清潔血液的效用，讓細胞活性化並促進血液循環，使身體更加溫暖，以達到保護功效。

④ 改善高血壓
大蒜中的鉀能清除血液中的鈉，使血壓更穩定。

⑤ 改善糖尿病
大蒜素能刺激胰臟細胞，促進胰島素分泌，以調整血糖值。

⑥ 具抗癌作用
大蒜含有機鍺、硒，能抑制並預防癌症。

⑦ 抑制異位性皮膚炎的過敏反應
大蒜含有能抑制引發過敏反應的特定酵素。

⑧ 促進整腸及消化作用
大蒜素可刺激胃黏膜，促進胃酸分泌，並發揮整腸作用。

⑨ 具有解毒作用
大蒜含半胱胺酸、甲硫胺酸，具有強力解毒作用；蒜胺酸與大蒜素則能排出重金屬並消滅細菌。

⑩ 具安定神經及鎮靜效果
大蒜素會對人體神經發揮作用，使興奮的神經細胞平靜下來，以消除壓力並改善失眠。

食用大蒜前一定要知道的事

挑選好大蒜的方法

蒜頭

- 用手拿起來時感覺沉甸甸的。
- 瓣數要少不要多，結構紮實且看起來肥碩。
- 帶有較強的獨特辣味。
- 避免選擇已經冒芽，或是開始腐爛的大蒜。

蒜仁

- 選擇飽滿且末端較尖的。
- 根部較窄的部位較軟，且散發亮嫩綠色。
- 沒有變色或碰撞的痕跡，帶有較強的辣味與香味。

讓大蒜久放的保存法

蒜仁的冷藏保存法
材料：砂糖、廚房紙巾、密封容器

① 在密封容器中倒入 1 公分高的砂糖，然後再鋪上廚房紙巾。砂糖與廚房紙巾可以吸收長時間存放所產生的水分，防止蒜仁泡爛。

② 將蒜仁放到步驟①上，再蓋上廚房紙巾，最後蓋上蓋子冷藏。

整顆大蒜的室溫保存法

① 將大蒜鋪平在報紙或竹籃上，放在陰涼通風處風乾。新鮮的大蒜需放一週，
　已經過乾燥處理的大蒜可以立刻收起來，或放置一天之後再收起來。（新
　鮮大蒜水分較多，應該攤平乾燥後再收起來，才能放比較久。）

② 將大蒜的芯去除，用報紙包起後放在陰涼處。

整顆大蒜的冷藏保存法

① 將大蒜鋪平在報紙或竹籃上，放在陰涼通風處風乾。新鮮的大蒜需放一週，
　已經過乾燥處理的大蒜可立刻收起來，或放置一天之後再收起來。

② 在密封容器中，依報紙、大蒜、報紙、大蒜的順序層層堆疊，再蓋上蓋子
　後以冷藏保存。

蒜泥保存法

① 將蒜泥裝入小格的冰塊模具中。

② 將裝好的蒜泥放入冷凍庫保存。

③ 需要時就取一個蒜泥冰塊，解凍後即可使用。

如何輕鬆剝大蒜？

大蒜去芯後，倒入能完全蓋過大蒜的冷水，浸泡 30 分鐘至 1 小時後，再將外皮剝除即可。

預防大蒜變綠的方法

如果一次製作大量蒜泥，並製成冰塊後冷藏保存，或是做成醃漬小菜時，大蒜容易變成深綠色，稱為「綠變現象」。看到綠變現象時，大多數人會懷疑是大蒜變質而直接丟棄，其實這是酵素作用所造成的現象。若將大蒜低溫儲存，酵素便會釋放並活性化，進而出現變色。即使發生綠變現象，大蒜的成分也不會有任何異常，不會對身體造成危害。

大蒜的綠變現象好發於三至四月上市，且保存時間較長的品種。如果想預防綠變現象，首先應該避免購買低溫儲存的大蒜。如果你已買了低溫儲存的大蒜，在製作蒜泥或將大蒜搗碎時，可以加一兩滴醋，便能在某種程度上抑制大蒜變綠。

適合搭配大蒜的食材

醋
在醋醃大蒜、醃大蒜切片中一定會加醋，醋能清除大蒜中的有毒成分，並消除其臭味。

黑芝麻
同時使用大蒜及黑芝麻，有降低血壓的效果。

牛奶
大蒜和牛奶一起食用或料理，能減少其獨特的氣味。

蜂蜜
手腳冰冷或容易疲勞時，將大蒜蒸過後加入蜂蜜食用，就能促進血液循環。將蒸好的大蒜與蜂蜜混合後保存起來，需要時可加水泡開來喝，或當成果醬使用。

使用大蒜時的計量法

大蒜 2/3 杯（100 克）
大蒜 1 杯（200 毫升）
大蒜 1 大匙（15 毫升）
大蒜 1 小匙（5 毫升）

高湯食譜

蔬菜高湯

材料

水 4 杯、洋蔥 1/2 個、大蔥 1/2 根、紅蘿蔔 1/6 根、月桂葉 1 片、胡椒粒 4 顆、切開的昆布 1 片

作法

① 將洋蔥、紅蘿蔔切成 0.3 公分厚，並將所有食材倒入湯鍋中熬煮。
② 沸騰後等 5 分鐘，再將昆布撈起，接著轉為中小火燉煮 15 分鐘即完成。

鯷魚高湯

材料

水 5 杯、鯷魚 2/3 杯、洋蔥 1/4 個、切開的昆布 2 片

作法

① 鯷魚先乾炒去腥，再跟其他食材一起全部放入鍋中以大火熬煮。
② 沸騰後等 5 分鐘，再將昆布撈起，接著轉為中小火燉煮 10 至 15 分鐘即完成。

Only Garlic

Part 1

用常備大蒜醬做出

飽足料理

蒜辣醬

這是將大蒜切成蒜末，加入油之後以小火煮至沸騰，再加入辣椒粉、醬油等調味料製成的萬能蒜辣醬。家中只要備有這款蒜辣醬，不論是忙碌的主婦、自炊族，都能立刻做出好吃的辣味料理，是一款非常適合在冰箱常備的調味料。

材料

大蒜	2/3 杯（100 克）
沙拉油	1/2 杯

調味料

辣椒粉	1 杯（100 克）
醬油	1/2 杯
砂糖	1/2 杯
韓式寡糖	1/2 杯
料理酒	1/4 杯
鮪魚露	1 大匙
生薑	2/3 大匙
黑胡椒	少許

1 將大蒜磨成泥，跟沙拉油一起倒入湯鍋中煮。開始沸騰後轉為小火，燉煮約 8 分鐘。

2 將所有調味食材倒入步驟 **1** 的鍋中，拌勻後
再以小火燉煮 2 分鐘，接著把火關掉放涼。

料理 TIPS

· 如果不太會磨蒜泥，也可
　以直接買現成的蒜泥。
· 購買蒜泥時，注意不要買
　到變色的蒜泥，這樣大蒜
　才能煮出好吃的味道。
· 市售蒜泥都很碎，加油熬
　煮時容易變色、燒焦，熬
　煮過程中請記得攪拌。

3 將蒜辣醬倒入消毒過的容器中，即可冷藏保存。

蒜味墨西哥捲餅

這是一道賣相好看且能立刻完成的料理。試著在豬絞肉中加入蒜辣醬拌炒，再搭配捲餅跟酸奶油吧！味道與賣相絕對不會輸給外面的餐廳。

材料

豬絞肉	300 克
大蒜	5 顆
大蔥	10 公分
薄餅皮	4 張
酸奶油	5 大匙
橄欖油	1 大匙
義大利香芹	2 株

醬料

蒜辣醬	3 又 1/2 大匙
韓式寡糖	1 小匙
辣椒粉	1 小匙

1 將大蒜切成 0.3 公分寬的薄片；大蔥切片；香芹粗略切開。

2 將蒜辣醬倒入豬絞肉中，拌勻後靜置 15 分鐘，直到醃入味。

3 將橄欖油均勻塗抹在平底鍋內，接著倒入步驟 **1** 切好的大蒜、大蔥後炒至金黃色。這時請把已經炒到變色的蒜片撈起來一些。

4 將醃好的豬絞肉、寡糖、辣椒粉倒入步驟 **3** 的
平底鍋中，拌炒均匀就完成了。

5 接著用中小火熱平底鍋，再放上薄餅皮烤一下。

6 將炒好的豬絞肉與炒過的大蒜裝盤，接著放上烤
過的薄餅皮，再撒上義大利香芹，最後搭配酸奶
油一起上桌。

蒜辣炒年糕

如果想吃辣炒年糕，大部分人都是直接買現成的吧？炒年糕有點花時間，就算自己做出來，很多人也會覺得「不好吃」，但只要有蒜辣醬就可以輕鬆完成。加入醬料拌炒之後，就能瞬間完成辣炒年糕。不但適合給孩子當點心，也可以當下酒菜。

材料

辣炒年糕用年糕	300 克
大蒜	10 顆
大蔥	5 公分
橄欖油	2 大匙

醬料

蒜辣醬	2 大匙
韓式寡糖	1 大匙

1 將大蔥切片，蒜頭切成 0.3 公分寬的薄片。

2 將年糕放入滾水中，煮到年糕浮起來。

3 將橄欖油塗抹在平底鍋內，倒入步驟 **1** 切好的蒜片跟大蔥，炒至變色後將步驟 **2** 煮好的年糕、醬料倒入拌炒。

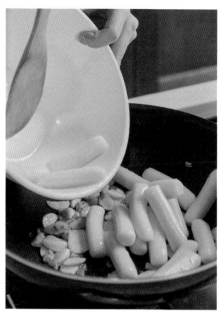

料理 TIPS

這道菜的料理法，也適合做
成湯年糕。只要在鯷魚湯裡
加入蒜辣醬和各式蔬菜，再
加入年糕及調味，就能做出
嗆辣開胃的湯年糕了。

4 在鍋中倒入步驟 **2** 煮好的年糕、醬料，炒至上
色即可。

泡菜燉豬肉丸

邀請特別的客人來家裡，或想讓家人吃到用心準備的料理時，這道菜會是不錯的選擇。豬絞肉用蒜辣醬醃過之後，再放到泡菜上，一片一片捲起來就完成了。美味且簡單的作法，讓人忍不住一口接一口享用。

材料

豬絞肉	250 克
泡菜	350 克
大蔥	10 公分
洋蔥	1/2 個
青陽辣椒	1 根
紅辣椒	1 根
蒜辣醬	1 又 1/2 大匙
清酒	1 大匙

高湯

鯷魚高湯	2 杯
泡菜湯汁	1/2 杯
蒜末	1/2 大匙
蒜辣醬	2/3 大匙

1 將清酒1大匙、蒜辣醬跟豬絞肉拌在一起，拌勻後靜置15分鐘醃漬。

2 將洋蔥切成 0.5 公分寬的薄片,大蔥、青陽辣椒與紅辣椒斜切片。

料理 TIPS

‧雖然可以用鹽或醬油來幫
　高湯調味,但我建議用泡
　菜湯汁去調。

‧發酵過的泡菜湯汁可讓燉
　泡菜的味道更有層次。

3 將泡菜攤開來,再舀起1大匙步驟 **1** 的豬絞肉
　　放上去,然後用泡菜把肉捲起來,最後放入湯
　　鍋中。

4 把高湯倒入步驟 **3** 的鍋中,接著放上切好的洋
　　蔥,稍微燉煮一下,再加入大蔥、青陽辣椒與
　　紅辣椒,最後燉煮到湯開始呈黏稠狀就完成了。

蒸大蒜拌辣椒醬

這是一道用蒸籠將大蒜蒸軟後，再加入蒜辣醬與麻油拌成的超簡單小菜。蒸過的大蒜不會有刺鼻味，還會散發隱約的甜味。只要淋在白飯上，就是最下飯的配菜。

材料

大蒜	1 又 1/2 杯（200 克）
珠蔥	1 根

醬料

蒜辣醬	3 大匙
麻油	1/2 小匙

1 大蒜去蒂頭，放進蒸盤裡蒸 15 分鐘後放涼。

2 珠蔥切成蔥花。

3 將蒸好的大蒜倒入調理盆中，再放入醬料。

料理 TIPS

· 如果希望保留大蒜脆脆的口感，那就不要蒸 15 分鐘，改蒸 10 分鐘就拿出來拌醬料。
· 鮮脆的口感跟刺鼻的辣味，也是大蒜的另一種不同魅力。

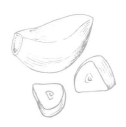

4 再倒入麻油後拌勻，最後撒上蔥花就完成了。

辣炒紫蘇血腸

試著用市售的血腸，搭配各種蔬菜、香噴噴的紫蘇粉以及蒜辣醬一起拌炒吧！這樣一來在家中也能品嘗到市售的炒血腸了。不僅適合招待客人，更是很棒的下酒菜。（編按：台灣沒有賣血腸，而韓國血腸味道較重，可改用米血糕或糯米腸來代替。）

材料

血腸	250 克
洋蔥	1/2 個
紫蘇葉	1 把
大蔥	10 公分
青陽辣椒	1 根
高麗菜	1 片
橄欖油	1 大匙

醬料

蒜辣醬	3 大匙
辣椒粉	1 小匙
水	2 大匙
韓式紫蘇粉	1 大匙

1 將洋蔥切成 0.3 公分寬的薄片；大蔥斜切成蔥花；高麗菜和紫蘇葉則切成適當的大小；青陽辣椒也切開來準備好。

2 將血腸切成適當的大小。

3 鍋子熱好後倒入橄欖油，將切好的洋蔥、大蔥、
高麗菜倒入拌炒。

料理 TIPS

加入紫蘇粉可以讓味道更
香，但如果想要單純的香辣
味，就不需加紫蘇粉。

4 除了紫蘇粉以外，將血腸和其他醬料及食材，
倒入鍋中一起拌炒，接著加入青陽辣椒，最後
再加入紫蘇粉一起炒就完成了。

蒜油醬

這是加入大蒜、香草與義大利乾辣椒後製成的油醬。帶著隱約的蒜香、香草香味及辣味，適合所有需要使用油品的料理。特別是用在油醋義大利麵、香蒜蝦、沙拉醬料等料理中，不僅方便還能提升美味及風味。

材料

大蒜	1又1/2杯（200克）
橄欖油	2又1/2杯
百里香	2株
迷迭香	1株
碎義大利乾辣椒	1大匙

1 將大蒜的蒂頭切掉後，較大顆的大蒜直接對半切開，較小的則可直接使用。

2 將迷迭香、百里香、處理過的大蒜及橄欖油倒
入鍋中熬煮。煮沸後轉小火燉煮 10 至 15 分鐘，
接著加入 1 大匙碎辣椒後關火。

料理 TIPS

· 建議不要使用蒜泥,而要
用整顆大蒜。較大的大蒜
可對切開來,煮出來的味
道會比較好。

· 如果直接在油裡加蒜泥很
容易煮焦,若是加大蒜也
容易變硬,要特別注意。

3 待蒜油醬冷卻後,裝入消毒過的容器裡,放入
冰箱冷藏保存即可。

蒜香鯖魚義大利麵

這是用鯖魚罐頭加蒜油醬、青陽辣椒做成的義大利麵。沒有加其他材料，只靠鯖魚罐頭跟蒜油醬就能立刻完成。微鹹的鯖魚與隱約帶著香氣的蒜油醬結合在一起，即完成一道沒有腥味的美味義大利麵。

材料

大蒜	10 顆
鯖魚罐頭	200 克
義大利麵	140 克
蒜油醬	8 大匙
大蔥	10 公分
小番茄	6 個
青陽辣椒	2 根
芝麻菜	少許
白酒	1 大匙
蔬菜高湯	2 杯
鹽	1 小匙
黑胡椒	少許
格拉娜·帕達諾起司	少許

煮義大利麵的水

水	1.5 公升
粗鹽	1 大匙

1 將大蒜切成 0.3 公分寬的薄片；小番茄以直向對切開來；大蔥與青陽辣椒切丁；鯖魚則把刺挑掉備用。

2 在鍋中倒入煮麵的水，等水煮開後放入義大利麵，煮的時間要比包裝上建議的時間少 2 至 3 分鐘，煮好後起鍋放著。

3 將蒜油醬倒入平底鍋中，放入大蔥炒至變色。接著加入鯖魚肉、少許黑胡椒、白酒拌炒，最後放入青陽辣椒。

料理 TIPS

· 可以用鮪魚罐頭來代替鯖
　魚，也很美味。
· 若想吃簡單清爽的味道，
　可先去除鮪魚罐頭中多餘
　的油分再使用。

4 將蔬菜高湯倒入步驟 **3** 的鍋中，煮沸後將煮好
　的義大利麵與小番茄放入，攪拌均勻後再以鹽
　調味，調味好後即可起鍋裝盤。

5 將芝麻菜放在裝盤的義大利麵上，最後再撒上
　起司就完成了。

蒜味蝦佐法國麵包

這是加了蝦子、蒜油醬及蒜苔的蒜味蝦。只要把所有食材丟進鍋子裡煮就好，是非常簡單的料理。雖然只加蒜油醬就很好吃，但建議也把蒜苔切丁後加入。嫩綠色的蒜苔不僅顏色搭配好看，吃起來口感也很好。

材料

蝦子	10 隻（250 克）
蒜苔	1 根
蒜油醬	2/3 杯
法國麵包	4 片

1 蝦子洗乾淨後把水完全瀝乾。

2 將蒜苔切成 0.3 公分的丁狀。

3 平底鍋用小火熱好後倒入蒜油醬，等鍋邊的油
開始沸騰後，就放入步驟 **1** 的蝦子，炸熟後再
撒上步驟 **2** 切好的蒜苔。

料理 TIPS

建議也可以用香菇代替蝦子，只要把香菇切成厚片放入，就能增添香味和有嚼勁的口感，做出不輸蝦子的美味料理。

4 平底鍋用小火熱好後，將法國麵包放上去烤一下，即可搭配蒜味蝦享用。

蒜油燉蛤蜊

這是用蛤蜊加蒜油醬、白酒做成的蒜油燉蛤蜊。新鮮的蛤蜊加上蒜油醬，能讓湯的味道清爽又開胃，也可以當成簡單的下酒菜。

材料

四角蛤蜊或花蛤	1公斤
蒜油醬	5 大匙
義大利香芹	2 株
白酒	1/4 杯
水	1/2 杯
鹽	少許
黑胡椒	少許
粗鹽	2 大匙（吐沙用）

1 將準備好的蛤蜊放在鍋中，加入可將蛤蜊完全蓋過的水，接著放入 2 大匙粗鹽，並讓鹽完全溶解。蓋上黑色塑膠袋或蓋子，放置1 小時後將吐出來的沙徹底洗淨。

2 將義大利香芹切碎。

3 平底鍋熱好後倒入蒜油醬，接著放入蛤蜊拌炒，
再加入白酒，炒到酒精完全揮發即可。

料理 TIPS

可在蒜油燉蛤蜊中加一點檸檬皮或是檸檬汁，就能帶有隱約的檸檬香，便是一道充滿異國風味的料理。

4 將 1/2 杯的水倒入步驟 **3** 的鍋中，蓋上蓋子煮到蛤蜊打開為止。接著再分別加入少許的鹽和黑胡椒。

5 將煮好的蒜油燉蛤蜊起鍋裝盤，最後撒上切好的義大利香芹就完成了。

章魚加點柚子醬涼拌，帶有酸甜的口感非常下飯！

蒜油柚子醬佐章魚沙拉

柚子醬的甜與蒜油醬的蒜香搭配在一起，和章魚沙拉非常對味。加入百里香再烤過的章魚非常有嚼勁，很適合搭配酸甜的沙拉醬。想吃點口味不同的沙拉時，請務必嘗試看看。

材料

章魚腳	2 至 3 條（150 克）
小番茄	5 顆
黑橄欖	5 個
綜合沙拉蔬菜	2 把
百里香	1 株
橄欖油	1 大匙

蒜油柚子醬

韓式柚子醬	1 又 1/2 大匙
檸檬汁	3 大匙
醋	1 大匙
蒜油醬	1 大匙
鹽	1/3 小匙
黑胡椒	少許

1 將製作蒜油柚子醬的食材全部倒入碗中拌勻。

2 用刀子在小番茄上劃幾刀，放入滾水中燙10
秒，然後用冷水洗過再把皮剝掉。

料理 TIPS

如果沒有柚子醬，也可以使用梅子醬、李子醬等其他水果醬來做。比起一般砂糖的甜味，水果醬的甜中帶有天然水果香氣，可以讓沙拉醬更美味。

3 將橄欖油倒入平底鍋，再放入章魚腳和百里香，並將章魚腳煎至變色。

4 將步驟 **3** 煎好的章魚腳、綜合沙拉蔬菜、剝皮的小番茄和黑橄欖裝盤，最後淋上蒜油柚子醬。

蒜醬油

這是以韓式料理中最常使用的醬油作為基底的醬料。除了醬油也加入大蒜，以提升氣味、美味及醍醐味，讓味道更好。任何有加醬油的料理都能使用，可以豐富味道的層次，更是能廣泛用於拌麵、蓋飯、涼拌菜中的萬能醬料。

材料

鯷魚	1 杯（30 克）
洋蔥	2/3 個
大蔥	1 根
大蒜	5 顆
清酒	1/2 杯
料理酒	1 杯
水	2 又 1/2 杯
切開的昆布	3 片
柴魚片	1 杯（10 克）

醬料

砂糖	1/4 杯
醬油	1 杯
蒜泥	3 大匙

1 將洋蔥切成 0.5 公分寬的片狀；大蔥直向對切開來，再切成 5 公分長。大蒜則用刀背壓碎後備用。

2 鯷魚去除內臟後，放入以小火熱好的湯鍋中稍微炒一下，以去腥和去水分，接著將切好的洋蔥、大蔥、大蒜放入拌炒。

3 在步驟 **2** 的鍋中加入昆布、水 2 又 1/2 杯、清酒 1/2 杯、料理酒 1 杯，沸騰後等 5 分鐘再將昆布撈出，接著轉中小火，再多熬煮 10 分鐘，最後用濾網將湯過濾出來。

料理 TIPS

使用紅蘿蔔、高麗菜、洋蔥等食材時，都會剩下一些零碎的邊邊角角，這些零碎蔬菜不要丟掉，可在煮高湯時加入，讓蒜醬油更美味。

4 在過濾出來的湯中加入柴魚片，浸泡約 5 分鐘後再把柴魚片濾掉。接著將醬料的所有食材倒入湯中，煮沸後轉中小火多燉煮 5 分鐘。關火後等醬汁完全冷卻，即可裝入消毒過的瓶子中保存。

蒜醬油涼拌豆芽麵

用稍微燙過的豆芽、煮好的麵條、蒜醬油及麻油，就能立即做出這道醬油拌麵。只要有蒜醬油，10 分鐘內就能完成料理，再加上是以醬油來調味，是一道不論大人小孩都能吃的菜色。

材料

麵線	140 克
綠豆芽	1 把（100 克）
大蔥	10 公分
蒜醬油	4 大匙
麻油	1 又 1/2 大匙
辣椒粉	1/3 小匙
韓式紫蘇粉	少許
鹽	適量

1 將大蔥切成 0.3 公分寬的薄片。綠豆芽用加鹽的滾水燙 2 分鐘後，再用冷水沖洗，並將水瀝乾。

2 將麵線放入沸水中煮，煮的過程中要加二到三
次冷水，等水沸騰到第三次，麵就可以起鍋，
用冷水沖過後將水瀝乾。

料理 TIPS

也可以使用當季的蔬菜來代替綠豆芽。茼芹、菠菜、薺菜等，都是不錯的選擇，也適合加在拌麵裡，就能嘗到不同口味的蒜醬油拌麵。

3 將煮好的麵線、燙過的綠豆芽、切好的大蔥裝盤後，淋上蒜醬油及麻油，再撒上辣椒粉與紫蘇粉就完成了。

蒜炒奶油魷魚絲

用大蒜搭配魷魚絲，再加點蒜醬油及奶油拌炒，就成了這道小菜。平時可做一些小菜放在冰箱，家中有常備菜會比較方便。緊急時只要拿出來切好，也能做成紫菜飯捲或加入飯糰裡，就能簡單解決一餐。

材料

魷魚絲	1 把（100 克）
大蒜	2/3 杯（100 克）
清酒	2 大匙
蒜醬油	1 大匙
奶油	1 大匙
橄欖油	1 大匙
糖	2/3 大匙
碎花生	1 大匙

1 將魷魚絲剪成適當的長度後，加入 2 大匙清酒浸泡 10 分鐘。

2 大蒜以直向對切開來。

3 平底鍋用小火熱好後，倒入1大匙橄欖油，將
步驟**2**的大蒜下鍋炒至變色。

料理 TIPS

· 魷魚絲一定要加清酒或是
料理酒，拌過並浸泡後再
使用。

· 用熱水稍微沖一下雖然可
以讓魷魚絲的口感更軟，
但會減少香味。因此稍微
用清酒或料理酒泡過之後，
魷魚絲就能變得更軟，也
能保留其獨特的味道。

4 在步驟 **3** 的鍋中加入1大匙奶油拌炒。奶油融
化後再倒入步驟 **1** 的魷魚絲及1大匙蒜醬油，
炒至魷魚絲完全上色，最後再加糖、碎花生，
炒勻後就完成了。

拌炒核桃及大蒜，是一道適合下酒的開胃菜！

辣炒大蒜核桃

這是加了大蒜及核桃做成的小菜。燙熟的大蒜加入香噴噴的核桃及蒜醬油，稍微拌開就能立刻上桌。辣椒末能增添辣味，讓這道菜更開胃，是一道簡單又健康的料理。

材料

大蒜	2/3 杯（100 克）
核桃	1 杯（100 克）
紅辣椒	1/3 根
青陽辣椒	1/2 根
水	2 杯
糖	1 小匙

醬料

蒜醬油	2 大匙
韓式寡糖	1 大匙
麻油	1 小匙

1 大蒜以直向對切開來；紅辣椒與青陽辣椒斜切片。

2 將 2 杯水與 1 小匙糖倒入湯鍋中，煮沸後加入
步驟 **1** 的大蒜，煮 5 分鐘再撈起來。

3 核桃倒入平底鍋中，用小火炒至水分收乾。

料理 TIPS

如果家中有其他堅果類，如
腰果、杏仁等，也可以改用
這些堅果入菜。

4 將醬料的食材、步驟 *1* 切好的辣椒、步驟 *2* 煮
　好的大蒜倒入步驟 *3* 的鍋中，稍微拌炒後就完
　成了。

最適合野餐的料理，快速又方便

炒牛肉豆皮壽司

我通常會在忙碌且沒時間的日子裡做豆皮壽司。牛絞肉不需要另外醃，只要加蒜醬油拌開，炒熟之後再放到豆皮壽司上就完成了。當野餐或郊遊時，這道壽司就是簡單又美味的選擇。

材料

豆皮壽司用豆皮	1 包
白飯	300 克
牛絞肉	150 克
橄欖油	1/2 大匙
大蒜	1 顆
蘿蔔嬰	少許
香鬆	適量

醬料

蒜醬油	2 大匙
韓式寡糖	1/2 大匙
清酒	1/2 大匙
黑胡椒	少許

1 用刀背把大蒜拍碎，再跟醬料的食材拌在一起。

2 平底鍋熱好後倒入橄欖油,將步驟 **1** 準備好的
大蒜、醬料及牛絞肉,全部倒進去拌炒。

料理 TIPS

如果希望做成微辣口味,可
以在炒牛絞肉內稍微加一點
芥末,除了吃起來較不油膩
外,微微衝上鼻腔的嗆辣感
也很對味。

3 將白飯與香鬆全部倒入碗中,再用飯匙拌勻,
   接著將白飯塞入豆皮中,最後放上步驟 *2* 炒好
   的牛絞肉,最後再放一點蘿蔔嬰裝飾即可。

香蒜雞腿蓋飯

這是用軟嫩的雞腿肉加蒜醬油所製成的蓋飯，只要有蒜醬油，即使沒有其他小菜也無妨，作法簡單更適合全家一起享用，大人小孩都喜歡。

材料

雞腿肉	400 克
大蒜	2 顆
珠蔥	1 根
橄欖油	1/2 大匙
白飯	適量

調味料

清酒	1 大匙
蒜末	1/2 大匙
蒜醬油	1 大匙
黑胡椒	少許

醬料

水	2 大匙
蒜醬油	1/4 杯
韓式寡糖	1/2 大匙

1 將大蒜盡量切成薄片；珠蔥則切成蔥花。

2 雞腿肉較厚的地方用刀尖戳幾下後，再放入調味料中醃 15 分鐘。

3 平底鍋熱好後倒入橄欖油，放入步驟 **2** 的雞腿肉，煎到正反面都變金黃色即可。

料理 TIPS

如果想吃偏嫩但有嚼勁的雞肉，建議選擇里肌肉，但料理時務必要把筋去除。

4 將醬料倒入步驟 **3** 的鍋中，燉煮至湯汁呈黏稠狀後，將雞腿肉取出並切成適當的大小。

5 將白飯、雞腿肉、蒜片盛盤，最後撒上蔥花就完成了。

Only Garlic

Part 2

用大蒜做出

可口早午餐

卡蒙貝爾蜜蒜

這是加入卡蒙貝爾起司、大蒜及堅果,再淋上蜂蜜製成的料理。烤過後的大蒜味道不會那麼辣,還會散發隱約的香味,口感也會變得更軟。搭配濃郁香甜的卡蒙貝爾起司、堅果及蜂蜜等,就成了男女老少都會喜歡的下酒菜。

材料

卡蒙貝爾起司	1 個
大蒜	20 顆
堅果	1/4 杯
蔓越莓	1 大匙
蜂蜜	3 大匙
橄欖油	1 小匙
鹽	少許

1 大蒜去蒂後鋪平在烤盤上,再撒上鹽、橄欖油。

2 用叉子在卡蒙貝爾起司上戳 2 至 3 次,接著放在步驟 **1** 的烤盤上,放入以 180 度預熱 10 分鐘的烤箱裡,烤 12 至 15 分鐘。

3 將烤好的卡蒙貝爾起司和大蒜盛盤,再撒上堅果、蔓越莓並淋上蜂蜜即可。

料理 TIPS

可以用布里起司、布拉塔起司等代替卡蒙貝爾起司。每種起司的味道與香味都不同,可以品嘗到不同的美味。

大蒜煉乳圓麵包

將蒜泥、煉乳與奶油拌勻後，再把餐包浸泡在其中，最後再烤過，大蒜煉乳圓麵包就完成了。如果家裡還剩下一些餐包，我推薦大家務必要嘗試這款麵包。週末可以當成簡單的早午餐，趁熱時享用會更美味。

材料

圓形餐包	8 個
無鹽奶油	65 克

大蒜煉乳醬

蒜泥	1 又 1/2 大匙
煉乳	2 大匙
糖	1 又 1/2 大匙
鹽	少許
香芹粉	1/2 小匙

1 在餐包上切出一個十字刀痕。

2 無鹽奶油用微波爐熱 30 秒，融化後跟大蒜煉乳醬的食材拌在一起，攪拌到糖完全溶解即可。

料理 TIPS

做三明治時，有些人會因為
不喜歡吐司邊而刻意切邊，
切掉的吐司邊記得別丟棄，
全部收起來後可存於冷凍
庫，之後只要跟大蒜煉乳醬
拌在一起並烤過，就能搭配
濃湯享用。

3 在餐包中加入 1/2 大匙的大蒜煉乳醬，再用麵
　包的上半部沾取少許大蒜煉乳醬後，接著放在
　烤盤上。

4 餐包放入以 180 度預熱 10 分鐘的烤箱裡，烤 7
　至 8 分鐘就完成了。

經典蜜蒜吐司

這是在抹了蜜蒜醬的吐司麵包上，淋上三種起司的特殊甜點。大蒜煮熟後跟蜂蜜拌在一起再抹在麵包上，嘗起來帶有鹹甜滋味，十分美味。

材料

吐司麵包	2 片
起司	2 片
莫札瑞拉起司	1 杯
藍紋起司	1 又 1/2 大匙

蜜蒜醬

大蒜	6 顆
水	2 杯
糖	1/2 小匙
蜂蜜	2 大匙

1 在湯鍋中倒入 2 杯水並加入 1/2 小匙的糖，接著大蒜下鍋煮 10 分鐘，再撈起來把水瀝乾。

2 用刀背把步驟 **2** 煮好的大蒜壓碎，裝在碗裡後
跟蜂蜜拌在一起，即完成蜜蒜醬。

3 將蜜蒜醬抹在吐司麵包上，再放上所有的起
司，用微波爐加熱 30 秒，再用另一片吐司麵包
蓋上去。

料理 TIPS

· 吐司放到平底鍋煎之前，
  一定要先用微波爐加熱讓
  起司融化，或是用烤箱烤
  過亦可。
· 如果想在煎吐司時順便
  讓起司融化，麵包容易燒
  焦，起司的融化程度也會
  不足。因為起司必須融化
  到可以牽絲的程度，味道
  跟蜜蒜醬才會更融合。

4 平底鍋用小火熱好後，將步驟 **3** 的吐司放上
去，再煎至變色，最後切成四等分即可。

炸蒜片

切片的大蒜油炸後就是酥脆蒜片。蒜片能用於多種料理中，撒在義大利麵上、加在三明治裡或放在漢堡排上都很美味。只要依照這個食譜來做蒜片，絕對不會失敗。

材料

大蒜	1 又 1/2 杯（200 克）
沙拉油	2/3 杯

1 大蒜切成 0.2 公分的薄片，接著用冷水浸泡約 30 分鐘，以去除澱粉。

2 鍋子裝滿水，煮沸之後將蒜片放入燙 30 秒，再撈起將水瀝乾。

3 撈起的蒜片放在廚房紙巾上，盡量把水分吸乾。

4 沙拉油倒入鍋中，熱鍋完成後，將步驟 **3** 去除水分的蒜片放入鍋中，油炸至變成金黃色，最後再放到廚房紙巾上將多餘的油吸乾。

5 最後放入密封容器中保存。

料理 TIPS

炸過蒜片的油也能再用於其他料理。由於油已經吸附大蒜的香味，當作蒜油是很不錯的選擇，用來炒肉能去腥，也能使料理的味道更有層次。

大蒜漢堡排

很多人認為自己做漢堡排並不容易，所以我盡量用最簡單的方法來做。這款漢堡排中加入了蒜片，增添酥脆的口感，咀嚼起來更有樂趣。

材料

牛絞肉	150 克
豬絞肉	150 克
洋菇	2 個
迷你蘆筍	4 根
切達起司	2 片
蒜片	1/2 杯
橄欖油	2 大匙
白酒	1 大匙

醬料

伍斯特醬	1 又 1/2 大匙
糖	1 大匙
韓式寡糖	1 大匙
番茄醬	2 又 1/2 大匙
水	2 大匙
鹽	1/3 小匙
黑胡椒	少許

漢堡排醃料

蒜泥	1/3 大匙
洋蔥丁	4 大匙
麵包粉	3 大匙
鹽	1/3 小匙
黑胡椒	少許
白酒	1/2 大匙

1 將牛絞肉、豬絞肉及漢堡排醃料全部倒入料理盆中，拌勻之後再捏成圓形，並用手指輕輕按壓中央。

2 洋菇用廚房紙巾輕輕擦拭乾淨；蘆筍切除底部
2 公分處，接著用削皮刀將纖維削除。

3 平底鍋熱好後倒入橄欖油，將步驟 **1** 的漢堡排
下鍋，並以小火正反面煎約 15 分鐘，接著蓋上
蓋子燜熟。燜的過程中可加入白酒，以去除肉
的腥味。

料理 TIPS

· 漢堡排肉團揉成扁圓狀
　後，可以分成單人份冷凍
　保存，要吃時再拿出來煎
　就好。也可以一次做多些
　冷凍起來，要吃時再解凍
　即可。
· 醬料也可以一次做好，再
　依照每次要用的分量分裝
　後冷凍，要用時可直接解
　凍，非常方便。

4 拿另外一個平底鍋，倒入少量橄欖油後將洋菇
　與蘆筍下鍋炒熟後，盛起備用。接著再將所有
　醬料食材倒入鍋中燉煮。

5 將步驟 **3** 的漢堡排盛盤，放上切達起司並淋上
　步驟 **4** 的醬汁後，撒上蒜片、炒好的洋菇及蘆
　筍，漢堡排就完成了。

香蒜蛋沙拉可頌

這是一道只要用水煮蛋拌美乃滋就能完成的超簡單料理，不過加入蒜片後味道會變得完全不同，會更好吃。

材料

可頌麵包	2 個
蒜片	1/2 杯
蛋	5 個
美乃滋	5 大匙
鹽	少許
黑胡椒	少許

煮水煮蛋的水

鹽	1/2 小匙
醋	1 小匙

1 在裝了水的鍋中加入鹽、醋，接著把蛋下鍋煮 12 分鐘，煮好後將殼剝掉並把蛋攪碎。

2 將攪碎的蛋與美乃滋、少許鹽及黑胡椒拌在一起後備用。

3 將可頌麵包對切開來，塞進步驟 **2** 做好的美乃滋蛋沙拉，接著再撒上滿滿的蒜片即可。

1. Edible mushrooms

馬斯卡彭蒜味普切塔

這是在烤好的黑麥麵包上放上馬斯卡彭起司、蒜片，再淋上蜂蜜做成的普切塔。柔軟的馬斯卡彭起司和酥脆的香蒜片、甜甜的蜂蜜搭配在一起，是一道適合宴客的料理。

材料

黑麥麵包	2 片
馬斯卡彭起司	5 大匙
蒜片	1/2 杯
蜂蜜	2 大匙

料理 TIPS

如果希望口味更多變、顏色更豐富，可以再加點橄欖、日曬番茄乾、堅果等，來增添美味及做配色上的變化。

1 平底鍋用小火熱好後，黑麥麵包下鍋乾煎至正反面微微變色。

2 在步驟 **1** 煎好的黑麥麵包上放上馬斯卡彭起司、蒜片，最後再淋上蜂蜜。

Only Garlic

Part 3

用大蒜做出

美味家常菜

醋漬蒜味甜椒

雖然想每天都吃大蒜，但若實在沒時間處理，真的沒有比醃漬菜更方便的選擇。醃漬後的大蒜，其獨有的辣味會降低，反而多了酸酸甜甜的味道，無論搭配韓式或西式料理都適合。

材料

大蒜	1 杯（120 克）
迷你甜椒	3 個

醃料

水	1 杯
白醋	2/3 杯
糖	1/2 杯
鹽	1/2 小匙
白酒	1 大匙
月桂葉	1 片
黑胡椒粒	少許

1 玻璃瓶隔水加熱消毒後，再將水完全擦乾。

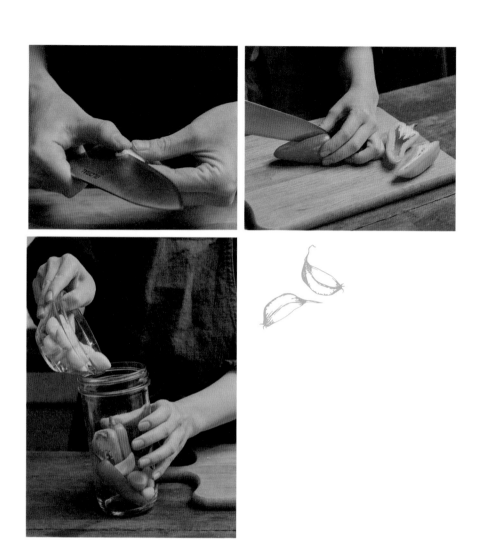

2 大蒜去蒂，迷你甜椒以直向對切開來，接著放
　　入步驟 **1** 消毒好的玻璃瓶中。

料理 TIPS

玻璃瓶一定要隔水加熱消毒，或用高濃度的酒精消毒後再使用。做醃漬菜等醃漬類料理時，使用乾淨的容器是最重要的事。沒消毒的瓶子中會有許多細菌，可能會導致食物發霉。

3 將醃料的食材全部倒入鍋中燉煮，沸騰後關火，冷卻後再倒入步驟 *2* 的玻璃瓶中，並蓋上瓶蓋，放置 5 ～ 7 天後就可食用。

蒜味洋菇濃湯

這是加入大蒜和洋菇做成的湯品。因為大蒜已炒至焦黃，吃起來不會覺得辣，但仍保留大蒜隱約的香味和咀嚼時的香氣，小朋友也會非常喜歡。如果再搭配烤麵包，就會是一道簡單的早午餐。

材料

大蒜	2/3 杯（100 克）
洋菇	4 個（80 克）
牛奶	1 杯
鮮奶油	1 杯
奶油	1 大匙（15 克）
橄欖油	1 大匙
鹽	1/3 小匙
黑胡椒	少許

1 將大蒜對切開來，洋菇也對切開來之後，再切成 0.5 公分寬的片狀。

2 湯鍋用小火熱好後倒入橄欖油，接著將步驟 **1**
切好的大蒜下鍋炒至焦黃，再放入奶油、洋菇
與少許鹽。炒至洋菇變軟就可以關火。

料理 TIPS

如果希望濃湯帶有香蒜味，
就必須掌握炒大蒜的時間，
要炒至焦黃才能去除大蒜的
辣味。

3 在步驟 **2** 的鍋中倒入牛奶與鮮奶油各 1 杯，再
用手持攪拌器將食材攪碎。

4 在湯裡加入 1/3 小匙的鹽、少許黑胡椒，用中
小火再燉煮一下就完成了。

炸脆蒜佐牛奶咖哩飯

這是加入炸得酥脆的大蒜及牛奶製成的獨特咖哩。一般的咖哩在製作過程中都是加水，改加牛奶就能品嘗到不同的風味。最後再放入酥脆的大蒜及炸蔬菜，讓口感更上一層樓。

材料

飯	2 碗
大蒜	14 顆
櫛瓜	1/4 條
茄子	1/4 條
豬絞肉	100 克
洋蔥	1/3 個
鹽	少許
黑胡椒	少許
清酒	1 大匙
水	1/2 杯
牛奶	1 杯
鮮奶油	1 杯
咖哩粉	5 大匙
橄欖油	1/2 大匙
沙拉油	1 又 1/2 杯

油炸麵衣

麵粉	3 大匙
蛋	1 個
麵包粉	2/3 杯

1 洋蔥切開，2 顆大蒜用刀子拍碎。櫛瓜跟茄子都切成 1 公分厚的圓片狀。

2 將 1/2 大匙的橄欖油倒入平底鍋，接著放入步驟 **1** 的洋蔥、大蒜並炒至變色。接著再放豬絞肉、鹽、黑胡椒及清酒，炒至豬絞肉變色後加入 1/2 杯水燉煮。

3 在步驟 **2** 的鍋中加入牛奶 1 杯、鮮奶油 1 杯，煮沸後加入咖哩粉燉煮，攪拌數次後即完成牛奶咖哩。

4 將蛋打成蛋汁後，把櫛瓜、茄子及剩下的大蒜依序裹上麵粉、蛋汁及麵包粉，再放入 170 度的油鍋內油炸。

5 白飯盛盤，再倒入牛奶咖哩，並放上炸大蒜、炸茄子及炸櫛瓜就完成了。

韓式蒜味無骨炸雞

這是用雞里肌肉加大蒜，再油炸而成的炸雞。超嫩的里肌肉和整顆大蒜油炸過再拌上醬油，就能做出外送炸雞的味道！可以當作孩子的點心、下酒菜或配菜。如果想吃辣一點，那就再加少許青陽辣椒吧！

材料		油炸麵衣	
雞里肌肉	300 克	酥炸粉	1 杯
大蒜	15 顆	水	2/3 杯
酥炸粉	2/3 杯		
沙拉油	2 杯	調味醬油	
		醬油	1 又 2/3 杯
醃料		砂糖	2 大匙
鹽	1/4 小匙	料理酒	1 大匙
蒜泥	1 大匙	蒜泥	1 大匙
清酒	1 大匙	水	2 大匙
黑胡椒	少許	黑胡椒	少許

1 用刀子將雞里肌肉上的筋輕輕剝除後，跟醃料一起倒入容器中醃 20 分鐘。

2 將油炸麵衣的食材倒入料理盆中拌勻。

3 步驟 **1** 的雞里肌肉裹上油炸麵衣，再沾酥炸粉，
裹好後靜置 2 分鐘。

4 沙拉油加熱到 170 度後先炸大蒜，炸好後將步驟 **3** 裹好麵衣的雞肉下鍋並油炸至呈金黃色，然後再炸一次讓外皮維持酥脆。

5 將調味醬油的食材倒入平底鍋中煮至沸騰，接著放入炸好的雞肉及大蒜，再攪拌至入味即可。

蒜味香煎豆腐排

這是在裹粉後煎得酥脆的豆腐上，淋上大蒜製成的醬汁，再切開來就可以直接吃了。作法是將整塊豆腐裹粉，正反面煎至金黃色，吃起來就會酥脆又有嚼勁。如果再淋上甜辣醬，連孩子都會喜歡。

材料

豆腐	2 塊
大蒜	10 顆
鴻禧菇	半把
嫩葉生菜	少許
太白粉	3 大匙
橄欖油	3 大匙

勾芡水

太白粉	1/2 大匙
水	1 大匙

醬汁

砂糖	1 大匙
醋	2 大匙
醬油	1 又 1/2 大匙
韓式寡糖	1 大匙
料理酒	1 大匙
水	1/2 杯
黑胡椒	少許

1 大蒜切成 0.3 公分寬的薄片；鴻禧菇切除根部後再剝下來。

2 豆腐去除多餘的水分後，再均勻抹上太白粉。

3 橄欖油倒入平底鍋中，將步驟 **2** 抹好太白粉的
　　豆腐下鍋，並煎至金黃色後備用。

料理 TIPS

勾芡水不要一口氣全倒下去，要沿著邊緣慢慢倒入鍋中，避免結塊。慢慢倒進去並一邊攪拌，就可以做出沒有結塊的醬汁。

4 再倒一點橄欖油到平底鍋中，步驟 **1** 切好的大蒜下鍋拌炒，接著加入鴻禧菇一起炒。最後再把醬汁的食材倒入燉煮。

5 將調好的勾芡水倒入步驟 **4** 的鍋中，一邊攪拌一邊煮，淋在豆腐上的醬汁就完成了。

6 將煎好的豆腐裝盤，淋上步驟 **5** 的醬汁後，再放上嫩葉生菜搭配即可。

希臘優格佐蒜味焦糖醬

加入大蒜、黑糖、水、肉桂粉燉煮成的醬汁，很適合搭配希臘優格。大蒜燉煮後辣味會消失，變得很有嚼勁且帶點甜味，能讓希臘優格的味道更有層次。如果想每天吃大蒜，那就試試這道蒜味優格吧！

材料

大蒜	2/3 杯（100 克）
希臘優格	2 杯
砂糖	1/2 小匙
肉桂粉	1/4 小匙

焦糖醬

黑糖	8 大匙
水	4 大匙

1 大蒜以直向對切開來，接著在滾水中加入 1/2 小匙的砂糖，再放入大蒜煮 5 分鐘後撈起來。

2 將焦糖醬的食材倒入湯鍋中，以小火燉煮至黑糖完全融化。接著倒入步驟 **1** 煮好的大蒜、肉桂粉，煮至醬汁變黏稠後關火，等待冷卻。

3 將希臘優格倒入容器中，再淋上步驟 **2** 的蒜味焦糖醬，即可享用。

料理 TIPS

如果希望口味更多變、顏色更豐富，可以再加點橄欖、日曬番茄乾、堅果等，來增添美味及做配色上的變化。

清燉大蒜鍋巴雞湯

這是加了雞胸肉、蔬菜和大蒜燉煮而成的雞湯，再搭配香噴噴的鍋巴享用。只要有這道雞湯再配上泡菜，就是飽足的一餐。想喝簡單又清爽的燉雞湯時，就來試試看吧！

材料

雞胸肉	400 克
白蘿蔔	100 克
大蔥	15 公分
大蒜	2/3 杯（100 克）
水	8 杯
月桂葉	1 片
清酒	1 大匙
鍋巴	1 又 1/2 杯（100 克）
鹽	1/3 小匙
黑胡椒粒	3 至 4 顆

雞胸肉調味料

鹽	1/2 小匙
麻油	1/2 大匙

1 白蘿蔔切塊，接著取 5 公分的大蔥切成蔥花。

2 在湯鍋中倒入 8 杯水，雞胸肉下鍋，再加入步驟 **1** 切好的白蘿蔔、剩下的 10 公分大蔥、月桂葉、清酒 1 大匙、大蒜、黑胡椒粒，並開大火煮，沸騰後轉為中小火燉煮 20 分鐘。接著用濾網將雞湯濾出，剩的材料則先放一旁，雞胸肉也撈起備用。

3 將步驟 **2** 煮好的雞胸肉用手撕成雞絲，再跟調味料拌在一起。

4 雞湯倒入鍋中，加入鍋巴稍微熬煮後再用鹽調味。調味好後起鍋裝盤，再放上步驟 **3** 的雞胸肉、切好的蔥花、熬湯時用的大蒜。

章魚大蒜煲飯

這是加了大蒜、章魚與調味醬油的煲飯。大蒜的香味滲入白飯中，讓飯更加美味。加了大蒜的飯做好後，再放入已經煮熟的章魚並蒸過，吃起來就會更入味。飯跟章魚都處理好後，就加入調味醬油拌來吃，最後再倒入熱水，把剩下的鍋巴一掃而空。

材料

大蒜	30 顆
米	2 杯
煮熟的章魚腳	4 條（200克）
水	2 杯

佐飯醬料

醬油	2 大匙
水	2 大匙
白芝麻	1 大匙
辣椒粉	1 大匙
麻油	1 又 1/2 大匙
珠蔥花	2 大匙

1 米洗乾淨之後泡約 30 分鐘，再把水瀝乾。

2 將佐飯醬料的食材倒入碗中拌勻後備用。章魚
  腳則切成方便入口的大小。

3 將步驟 1 泡好的米、2 杯水、30 顆大蒜倒入鍋
  中，蓋上鍋蓋後開大火煮。煮沸後轉小火燜煮
  20 分鐘，然後再關火。

4 將切好的章魚腳放入步驟 **3** 的鍋中,蓋上鍋蓋
後燜約 2 分鐘就完成了。要吃時再加入佐飯醬
料,拌勻即可享用。

蒜烤蔬菜沙拉

這是將茄子、南瓜、馬鈴薯、大蒜用烤箱烤過之後,再加沙拉醬拌成的沙拉。
我很喜歡吃烤過的蔬菜,因為蔬菜烤過後會更香甜,只要放進烤箱裡就能完
成,作法超簡單。各位可以使用當季蔬菜加大蒜烤至焦黃,再跟沙拉醬拌在
一起,就能品嘗到各式蔬菜的不同滋味。

材料

茄子	1/2 條
南瓜	1/2 個
馬鈴薯	1 個
大蒜	20 顆
布拉塔起司	1 塊
羅勒葉	3 片
橄欖油	1 大匙
鹽	少許

沙拉醬

義大利香醋	2 又 1/2 大匙
橄欖油	1 又 1/2 大匙
蜂蜜	1/2 大匙
鹽	少許
黑胡椒	少許

1 大蒜去蒂,茄子、南瓜及馬鈴薯都
切塊。

2 沙拉醬的食材倒入碗中拌勻。

3 將步驟 **1** 切好的茄子、南瓜、馬鈴薯、大蒜放
到烤盤上，撒上橄欖油及鹽。

料理 TIPS

蔬菜烤過之後要趁熱拌沙拉醬,這樣蔬菜才能吸收醬料的味道。烤蔬菜因為分量大,所以重點就是要盡快入味,一從烤箱裡拿出來就要立刻加醬下去拌,味道會很不一樣喔!

4 烤箱以 200 度預熱 10 分鐘,再將步驟 **3** 的茄子、南瓜、馬鈴薯及大蒜放入烤箱中烤 10 至 12 分鐘,烤好後趁熱跟沙拉醬拌在一起。

5 將拌好的蔬菜沙拉裝盤,再將布拉塔起司切成方便入口的大小,跟羅勒一起撒上即可。

蒜醬蘋果蝦沙拉

用加了蒜泥、芥末等食材製成的醬料，再搭配蝦子做成這道酸甜中帶點嗆辣的沙拉，試著用蘋果、黃瓜、甘藍等各種蔬菜來搭配吧！蒜醬除了適合搭配蔬菜之外，也很適合搭配海鮮。

材料

蝦子	6 尾
蘋果	1/2 個
黃瓜	1/2 個
甘藍	1 片
醋	1/2 小匙
清酒	1 小匙
黑胡椒	少許

蒜醬

蒜泥	2/3 大匙
醋	3 大匙
砂糖	1 大匙
蜂蜜	1 小匙
鹽	1/4 小匙
黃芥末	2/3 小匙
紅辣椒（切碎）	適量

1 將蒜醬的所有食材倒入料理碗中，攪拌至砂糖與黃芥末都溶解。

2 蘋果、黃瓜切成 0.3 公分寬的薄片；甘藍以直
向對切開來，再切成 1 公分寬。

料理 TIPS

如果沒有紅辣椒片，也可以用青陽辣椒或乾辣椒代替。將青陽辣椒切碎，或乾辣椒磨碎及切碎都可以，只用家中現有的材料也能做出辣度十足的醬料。

3 湯鍋裝水，水煮沸後加入醋 1/2 小匙、清酒 1 小匙，接著蝦子下鍋燙約 3 分鐘後撈起，再以直向對切開來。

4 將煮熟的蝦子、蘋果及黃瓜切片、切好的甘藍倒入調理盆中，再倒入蒜醬後拌勻即可裝盤，最後再撒上黑胡椒就完成了。

人生有所謂，決斷無所畏

幫助你不再迷航、改變人生的勇氣之書！
電通集團 CEO 唐心慧分享如何做好決定，
告別糾結人生！

唐心慧◎著

【圖解】35 線上賞屋的
買房實戰課

最好看的不動產頻道「35 線上賞屋」
首度出書！

房價走勢‧看屋心法‧議價重點，
43 個購屋技巧大公開！

Ted ◎著

低醣酪梨食譜

全台第一本酪梨專書！

22 道家常菜╳4 道甜點╳4 款常備醬，
完整收錄 30 種酪梨新吃法。

洪抒佑◎著

哈佛醫師的復原力練習書

美國正念引導師 30 年經驗分享，
最有效的減壓訓練！
運用正念冥想走出壓力、挫折及創傷，
穩定情緒的實用指南。

蓋兒 · 蓋茲勒◎著

給總是因為那句話
而受傷的你

寫給那些在關係中筋疲力盡，
過度努力的人！
不再因為相處而痛苦難過，
經營讓彼此都自在的人際關係。

朴相美◎著

我也不想一直當好人

帶來傷害的關係，請勇敢拋棄吧！
沒有任何一段關係，值得讓你遍體鱗傷。
幫助 3000 人重整關係的心理諮商師，
教你成為溫柔但堅決的人！

朴民根◎著

健康力

吃出免疫力的大蒜料理：煮麵、煲湯、拌飯、提味，
34道蒜味料理，美味上桌！

2021年10月初版　　　　　　　　　　　　　　　　　定價：新臺幣350元
有著作權・翻印必究
Printed in Taiwan.

著	者	金	奉	京
譯	者	陳	品	芳
叢書主編	陳	永	芬
校	對	陳	佩	伶
內文排版	林	婕	瀅
封面設計	比比司設計工作室

出　版　者　聯經出版事業股份有限公司　　　副總編輯　陳　逸　華
地　　　址　新北市汐止區大同路一段369號1樓　總編輯　涂　豐　恩
叢書主編電話　(02)86925588轉5306　　總經理　陳　芝　宇
台北聯經書房　台北市新生南路三段94號　　　社　長　羅　國　俊
電　　　話　(02)23620308　　　　　發行人　林　載　爵
台中分公司　台中市北區崇德路一段198號
暨門市電話　(04)22312023
台中電子信箱　e-mail：linking2@ms42.hinet.net
郵政劃撥帳戶第0100559-3號
郵撥電話　(02)23620308
印　刷　者　文聯彩色製版印刷有限公司
總　經　銷　聯合發行股份有限公司
發　行　所　新北市新店區寶橋路235巷6弄6號2樓
電　　　話　(02)29178022

行政院新聞局出版事業登記證局版臺業字第0130號

本書如有缺頁，破損，倒裝請寄回台北聯經書房更換。　　ISBN　978-957-08-5979-9 (平裝)
聯經網址：www.linkingbooks.com.tw
電子信箱：linking@udngroup.com

國家圖書館出版品預行編目資料

吃出免疫力的大蒜料理：煮麵、煲湯、拌飯、提味，
34道蒜味料理，美味上桌！/金奉京著．陳品芳譯．初版．新北市．
聯經．2021年10月．160面．17×23公分（健康力）
ISBN　978-957-08-5979-9（平裝）

1.食譜　2.大蒜

427.1　　　　　　　　　　　　　　　　　　　　　110013765